浙江省科协特色优质科普图书资助项目　　　　　"浙电科普＋"系列图书

—— 电小知科普馆 ——

电从哪里来

浙江省电力学会　国网浙江省电力有限公司　组编

U0169337

中国电力出版社
CHINA ELECTRIC POWER PRESS

院士寄语

亲爱的小读者：

　　非常荣幸向你们推荐《电小知科普馆》，这是一套向喜欢探索科学知识的小朋友们介绍电力能源知识的丛书。

　　电是一种自然现象，很早就为人类所发现。闪电就是人们最早发现的电。近代，科学家们根据电与磁的关系，发现了电的本质，揭开了电的奥秘，并通过不懈努力，最终实现了电的应用，带领人类进入了电气化时代。

　　《电小知科普馆》丛书以图文并茂、浅显易懂的方式将科学知识娓娓道来，帮助小朋友们学习了解生活中无处不在的电力知识。在首次出版的五册书中，明明一家跟随"电小知"乘坐时光机，回顾电的产生和发展历程，通过"医治"生病电器学会安全使用家用电器，了解外出游玩时要注意的用电安全风险，并通过参观能源商店认识了各种电池的神奇功能，踏上余村电力之旅，到最美乡村领略新时代电力发展。

　　电力带来光明，点亮生活，也催生了现代文明。展望未来，人类将继续推进对电的探索和应用。希望你们在"电小知"的带领下，一起揭开电力的神秘面纱，发现更多电力的奥秘与乐趣！

　　祝你们阅读愉快！

中国工程院院士
浙江工业大学校长

嗨！！！

我是电小知，

是来自未来的智能机器人。

我拥有聪明的大脑和环保的外壳，

喜欢科学，喜欢探索关于电的一切。

我们一家住在美丽的浙江杭州，

欢迎大家和我们一起开启奇妙的

电力之旅。

爸爸
39岁

成熟稳重、有责任心的男士

妈妈
38岁

温柔善良的女士

明明
13岁

热衷于探索世界、喜欢钻研问题的男孩子

靓靓
8岁

活泼可爱、聪明伶俐的小女孩

夜幕降临，钱塘江两岸灯火通明。
一家人在阳台观赏江对岸的灯光秀。
靓靓说："夜色多美呀！"
明明说："是啊，这不就是'东风夜放花千树，更吹落、星如雨'嘛！"
电小知说："是呀是呀，这美丽的景色，都是电的功劳呀！"

靓靓问："电？它在哪儿呀？"

电小知说："电是看不见摸不着的，你们想知道电是从哪儿来的吗？"

明明想了想说："是不是从发电厂来的？你能跟我们说说电是怎么回事吗？"

电小知说："嗯，好的，那就让我们穿越时空，来一趟电的时光之旅吧！"

时光机第一站来到了公元前6世纪的古希腊。

泰勒斯老爷爷正在做实验，他用毛皮在琥珀上摩擦，发现琥珀能吸引细小的稻草碎屑。

古希腊人发现琥珀、玻璃棒等绝缘体通过摩擦可以吸引其他微小的物质，他们把这种现象称之为静电现象。

明明抢着问："那不就和我们冬天摸到毛衣时会有刺痛感或噼啪作响一样吗？"

靓靓说："哦，原来人们这么早就发现了静电啊。"

时光机第二站来到了 19 世纪初的丹麦实验室。

物理学家奥斯特正在向学生演示他的发现：电流可以使小磁针偏转。

这是人类首次有意识地发现电与磁的关系。

后来他还证明了通电导线周围和永磁体周围都存在磁场，从而把电和磁联系起来。

他们继续乘坐时光机，飞到了同时代的英国实验室，著名的科学家法拉第正在做电磁感应实验。

他发现闭合电路的一部分导体在磁场中切割磁力线时，导体上会产生电流，这就是磁生电现象，又称电磁感应现象。

从此以后，人类就真正迎来了电的时代。

靓靓说："那科学家发现的电可以直接用吗？"
电小知说："还不行，那得先有发电机。"

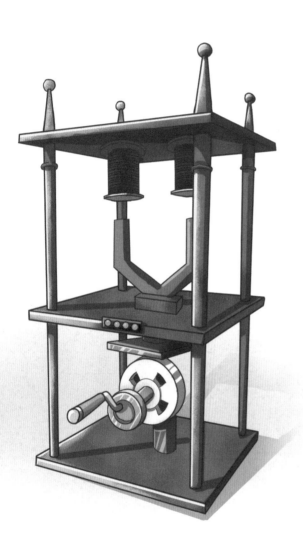

世界上第一台发电机是 1832 年法国人毕克西
发明的手摇式直流发电机。

1882 年 7 月 26 日，上海的一台发电机开始转动，点亮了外滩大道上的 15 盏电弧灯，这是中国电力历史的新纪元，中国电力工业从此诞生了！

电小知说："一百多年过去了，我们国家的电力工业有了长足的进步，接下来我带你们去看看现代的发电厂吧。"

他们首先来到了嘉兴平湖市，这里有一家在国内率先实现烟气污染物超低排放的火力发电厂——嘉兴发电厂。

目前我们生产、生活中的电大部分是由火力发电厂提供的。

他们继续往前飞，不一会儿来到了位于嘉兴海盐县的秦山核电站。

电小知说："秦山核电站是中国自行设计、建造和运营管理的第一座核电站。核电是一种宝贵的清洁能源。"

明明问："那核电会不会很危险啊？"

电小知说："核电站在选址、设计、建造、运行各阶段采取了一系列措施，来保障正常安全运行，对周围的人们不会构成危险。"

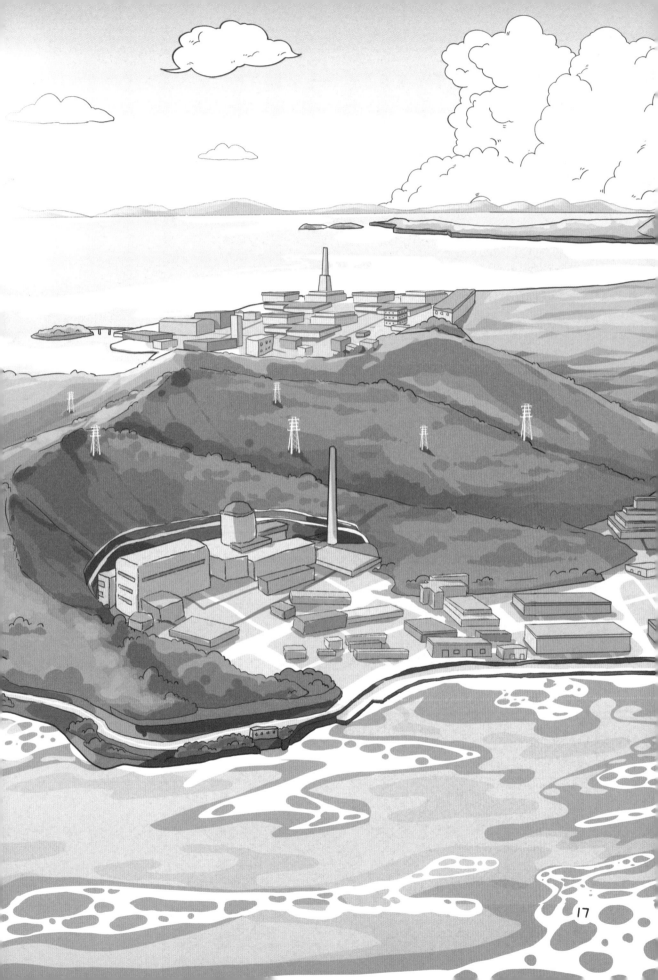

很快，电小知带着大家来到了丽水云和县，远远就看到一座大坝。
明明感叹："真壮观啊！这个大坝是用来干什么的？"
电小知说："这里是紧水滩水电厂，它利用水位落差进行发电。
水电也是非常宝贵的清洁能源和可再生能源哦。"

电小知继续科普："除了火电、水电、核电这些常见的发电方式，我国近年来也发展了很多新的发电方式，比如光伏发电。"

光伏停车场

光伏屋顶

光伏公交

牧光互补

渔光互补

农光互补

明明说："还有其他发电方式吗，小知？"

电小知说："除了这些，还有很多发电方式，比如风力发电、地热发电、污泥发电、垃圾发电、潮汐发电、潮流发电等，这些发电方式都会给我们带来丰富的电能。"

宁波国电象山海上风电场

台州温岭江厦潮汐试验电站

绍兴滨海环保能源有限公司
（废水和污泥处理）

舟山秀山潮流能发电站

明明说："有了这么多电能，会不会一下子用不完啊？"

电小知说："不用担心，电力专家们早就考虑到这一点了，我们可以先把用不完的电储存起来，等到有需要的时候再使用。

抽水蓄能电站就是一个很好的例子。它在电力负荷低、用电不紧张的时候，把水抽至上水库；在负荷高峰期、用电紧张的时候，放水发电，向电网提供可靠的电能。看，前面就是位于湖州安吉的天荒坪抽水蓄能电站！"

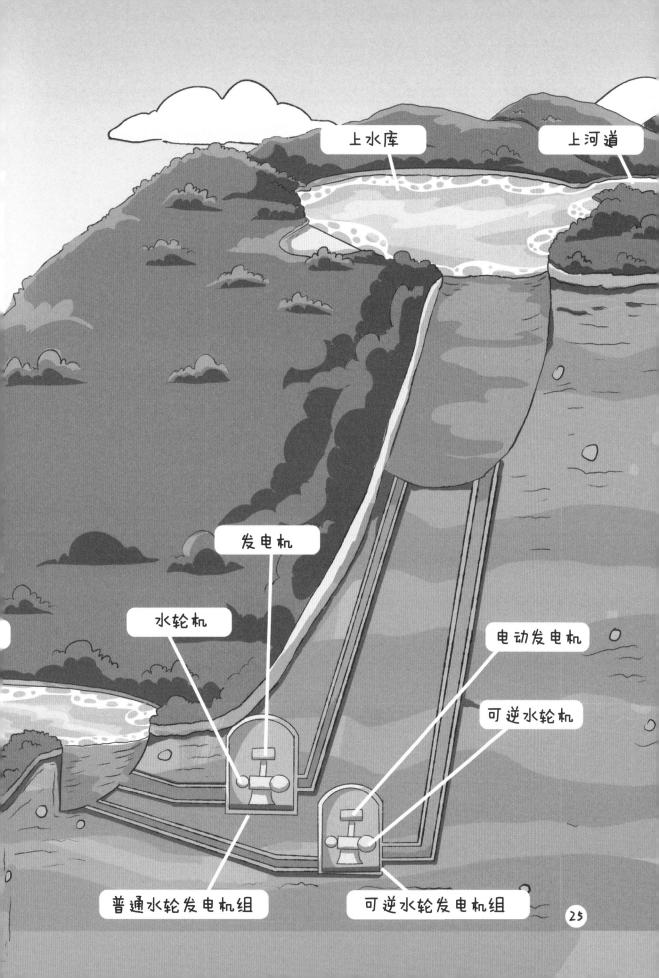

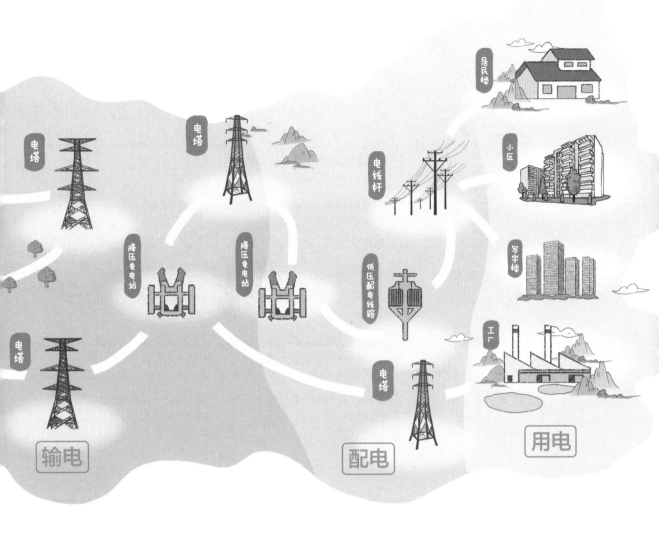

经过这次时光机旅行，明明和靓靓都对电有了新的认识，他们迫不及待地坐在一起分享今天的收获。

靓靓说："发电的方式好多啊。"

电小知说："是的，不仅如此，电从发电厂出发，中间要经过输变电、配电、用电等很多环节，才能来到我们身边，真的非常不容易！"

明明说："小知，下次有机会再带我们来一次电的时光之旅吧！我们还想了解更多的电力知识。"

第一章 电的发现

探索期

公元前 6 世纪	16 世纪末	1734 年
古希腊哲学家泰勒斯（Thales）	英国物理学家吉尔伯特（William Gilbert）	法国化学家杜菲（DuFay）
发现琥珀摩擦后能吸引轻小物体。	建议把琥珀摩擦后吸引物体的这种奇怪的现象叫做"电"，英文中的"电"就是从希腊语"琥珀"转化而来的。他发明的电针是早期测量电的工具。	发现两块摩擦带电的琥珀互相排斥，两条摩擦带电的玻璃棒也互相排斥，而带电的琥珀和带电的玻璃棒会互相吸引，当它们接触后两者的带电现象都消失了。

第二章 能源的分类

一次能源与二次能源

- 一次能源在大自然中生成并以原始状态存在，未曾经过加工或者转换。
- 二次能源是一次能源经过加工转换成另一种形态的能源。

火电厂燃烧煤炭先变成蒸汽热能，蒸汽再推动汽轮机变成机械能，汽轮机又带动发电机变成电能。

一次能源 → 二次能源

● **一次能源**

原煤、原油、天然气、水力、太阳辐射、风力、海浪、潮汐、地热、生物燃料、天然铀矿等。

● **二次能源**

热水、蒸汽、沼气、焦炭、煤气、汽油、煤油、柴油、重油、氢气、酒精、液化石油气和电力等。

发展期

| 1820 年 | 1831 年 | 1879 年 |

丹麦物理学家奥斯特
（Hans Christian Ørsted）

英国科学家法拉第
（Michael Faraday）

美国发明家爱迪生
（Thomas Alva Edison）

发现载流导线的电流会作用于磁针，使磁针改变方向。经过长时间的实验和研究，1820 年 7 月 21 日，发表论文《论磁针的电流撞击实验》，正式向学术界宣告发现了电流磁效应。

首次发现电磁感应现象，进而发现产生交流电的方法。他发现当磁场的磁力线发生变化时，其周围的导线中会感应产生电流。

在试用了近 1600 种材料之后，终于找到一种竹丝，制作了人类第一盏具有广泛实用价值的白炽灯。1910 年，美国通用电气公司采用耐高温的金属钨丝代替竹丝，极大地推广了白炽灯的使用。

可再生能源与不可再生能源

可再生能源

- 水能
- 新能源：太阳能、风能、生物质能、地热能、潮汐能、波浪能、海流能、温差能、盐差能

不可再生能源

- 煤炭
- 石油
- 核能
- 天然气

清洁能源

- 不排放污染物且能够直接用于生产和生活的能源叫清洁能源，也叫绿色能源。

- 所有的可再生能源和核能都属于清洁能源。比如一次能源的水能、二次能源的电能都是清洁能源。

第三章 常见的发电种类

火力发电

火力发电是利用可燃物在燃烧时产生的热能，通过蒸汽动力装置转换成电能的一种发电方式。

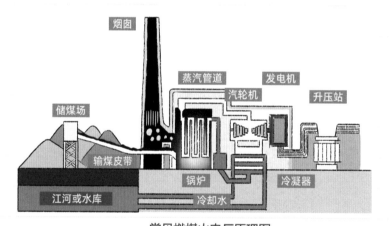

常见燃煤火电厂原理图

水力发电

水力发电是利用水位落差，将河流、湖泊、水库在高处具有势能的水冲泄到低处，转换成水轮机的动能，再以水轮机为原动力推动发电机产生电能。

● 北仑电厂是我国第一个通过世界银行贷款建设的特大型火力发电企业，现有总装机容量542.53万千瓦，是全国最大火力发电厂之一。近年来，电厂加快绿色转型，现已建成浙江省内最大的8.53万千瓦光伏电站，打造了火光联动的发展新格局。

● 紧水滩水电厂是一座以发电为主，兼有防洪、灌溉、航运及发展淡水渔业等综合效益的水利工程。

水电厂主动力 ——水轮机

2023年1月17日，浙江省"千项万亿"工程——紧水滩抽水蓄能电站工程正式开工。项目建成后，紧水滩将成为全国首个全数字化中型抽水蓄能电站。

注 水电是一种可再生的清洁能源，而且水力发电不消耗水量，水电站在发电的同时还可以进行防洪、灌溉。

核能发电

核能发电是利用核反应堆中核裂变释放出的热能进行发电的方式。它以核反应堆及蒸汽发生器来代替火力发电的锅炉，以核裂变能代替矿物燃料的化学能。

秦山核电基地总装机容量666万千瓦，年发电量约520亿千瓦时，是国内最早投产、核电机组数量最多、堆型最丰富的核电基地。

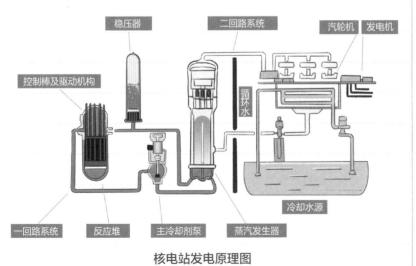

核电站发电原理图

《电小知科普馆》编委会

（1-5册）

主　编　杨玉强

副主编　冯志宏　张彩友

编　委　胡若云　黄陆明　吴侃侃　李林霞

　　　　马　明　黄　翔　张　维　林　刚

第一册《电从哪里来》编写组

文　字　吴侃侃　黄　翔　宋　晨　蒋　颖

　　　　董绍光　汪岳荣　崔　寅　朱炳辉

绘　画　张　鹏　孙　婷　温海鸥　邹雨诺

图书在版编目（CIP）数据

电从哪里来 / 浙江省电力学会，国网浙江省电力有限公司组编.—北京：中国电力出版社，
2023.12（2024.8重印）
（电小知科普馆）
ISBN 978-7-5198-8439-0

Ⅰ．①电… Ⅱ．①浙… ②国… Ⅲ．①安全用电—儿童读物 Ⅳ．①TM7-49

中国国家版本馆CIP数据核字(2023)第248597号

出版发行：中国电力出版社
地　　址：北京市东城区北京站西街 19 号（邮政编码 100005）
网　　址：http://www.cepp.sgcc.com.cn
责任编辑：张运东　王蔓莉（010-63412791）
责任校对：黄　蓓　朱丽芳
装帧设计：张俊霞
责任印制：石　雷

印　　刷：北京九天鸿程印刷有限责任公司
版　　次：2023 年 12 月第一版
印　　次：2024 年 8 月北京第三次印刷
开　　本：787 毫米 ×1092 毫米　16 开本
印　　张：2.25
字　　数：16 千字
印　　数：8001—10500 册
定　　价：15.00 元